BERICHTE ÜBER DIE VERHANDLUNGEN DER SÄCHSISCHEN AKADEMIE DER WISSENSCHAFTEN ZU LEIPZIG

Mathematisch-naturwissenschaftliche Klasse

Band 102 · Heft 7

WILHELM TREIBS

ENTWICKLUNGSLINIEN DER ORGANISCHEN CHEMIE

AKADEMIE-VERLAG · BERLIN

1957

BERICHTE ÜBER DIE VERHANDLUNGEN DER SÄCHSISCHEN AKADEMIE DER WISSENSCHAFTEN ZU LEIPZIG

MATHEMATISCH-NATURWISSENSCHAFTLICHE KLASSE

Band 97

Heft 1 Prof. Dr. ERICH STRACK / Beobachtungen über den endogenen Anteil des Kot-Stickstoffs
24 Seiten – 8° – 1949 – DM 2,50 *(vergriffen)*

Heft 2 Prof. Dr. ERNST HÖLDER / Über die Variationsprinzipe der Mechanik der Kontinua
13 Seiten – 8° – 1950 – DM 2,75 *(vergriffen)*

Heft 3 Dr. H. GERSTNER / Dr. H. BAARK / Dr. H. GRAUL / Der Wechselstromwiderstand der Froschhaut
25 Seiten – 8° – 1950 – DM 2,75

Heft 4 Prof. Dr. HERBERT BECKERT / Existenz- und Eindeutigkeitsbeweise für das Differenzenverfahren zur Lösung des Anfangswertproblems, des gemischten Anfangs-Randwert- und des charakteristischen Problems einer hyperbolischen Differentialgleichung zweiter Ordnung mit zwei unabhängigen Variablen
42 Seiten – 8° – 1950 – DM 9,– *(vergriffen)*

Heft 5 Prof. Dr. HERBERT BECKERT / Über quasilineare hyperbolische Systeme partieller Differentialgleichungen erster Ordnung mit zwei unabhängigen Variablen. Das Anfangswertproblem, die gemischte Anfangs-Randwertaufgabe, das charakteristische Problem
68 Seiten – 8° – 1950 – DM 14,50 *(vergriffen)*

Heft 6 Prof. Dr.-Ing. ENNO HEIDEBROEK / Das Verhalten von zähen Flüssigkeiten, insbesondere Schmierflüssigkeiten, in engen Spalten
Nachdruck – 40 Seiten – 24 Abbildungen – 8° – 1952 – DM 5,80

Heft 7 Prof. Dr. HANS SCHUBERT / Über eine lineare Integrodifferentialgleichung mit Zusatzkern
52 Seiten – 8° – 1950 – DM 9,25 *(vergriffen)*

Heft 8 Dipl. phys. HELMAR KRUPP / Bestimmung der allgemeinen Lösung der Schrödinger Gleichung für Coulomb-Potential
28 Seiten – 8° – 1950 – DM 5,50 *(vergriffen)*

Band 98

Heft 1 Prof. Dr. WALTER SCHNEE / Über magische Quadrate und lineare Gitterpunktprobleme
48 Seiten – 8° – 1951 – DM 4,65 *(vergriffen)*

Heft 2 Prof. Dr.-Ing. ENNO HEIDEBROEK / Über die Beziehungen zwischen Schmierung und Verschleiß bei geschmierter Gleitreibung
Nachdruck – 36 Seiten – 5 Abbildungen – 8° – 1954 – DM 2,75

BERICHTE ÜBER DIE VERHANDLUNGEN DER SÄCHSISCHEN AKADEMIE DER WISSENSCHAFTEN ZU LEIPZIG

Mathematisch-naturwissenschaftliche Klasse
Band 102 · Heft 7

WILHELM TREIBS

ENTWICKLUNGSLINIEN DER ORGANISCHEN CHEMIE

AKADEMIE-VERLAG · BERLIN
1957

Vorgetragen in der Sitzung vom 21. Januar 1957
Manuskript eingeliefert am 14. August 1957
Druckfertig erklärt am 20. November 1957

Erschienen im Akademie-Verlag GmbH, Berlin W 8, Mohrenstraße 39
Lizenz-Nr. 202 · 100/605/57
Satz, Druck und Einband: IV/2/14 - VEB Werkdruck Gräfenhainichen • 826
Bestell- und Verlagsnummer: 2027/102/7
Preis: DM 1,40
Printed in Germany

Für den Chemiker, Physiker, Mathematiker bedeutet ein Vortrag aus seinem Fachgebiet vor einem breiteren Gremium eine schwierige Aufgabe. Ihre Wissenschaften haben eine eigene Sprache, eine eigene Schrift entwickelt, die zwar die prägnante Darlegung ihrer Gedanken und Entwicklungen gestattet, die aber nur dem Eingeweihten verständlich ist. Ich habe daher aus einem Grenzgebiet meiner Wissenschaft, der Geschichte der organischen Chemie, mein Thema gewählt: „Entwicklungslinien der organischen Chemie".

Die *Geschichte der Naturwissenschaften* ist das notwendige Gegengift gegen die zwangsweise Einzwängung, Überheblichkeit und geistige Verarmung des modernen Spezialistentums. Die Kenntnis ihres Werdens vermittelt das Verständnis für die Fragestellungen der Gegenwart und gestattet Ausblicke in die Zukunft. Der Vortrag soll keine kondensierte geschichtliche Darstellung darbieten, sondern ein Versuch sein, den hauptsächlichen sachlichen und persönlichen Momenten nachzuspüren, die schließlich zu der ungeheuren Entwicklung der organischen Chemie im Verlaufe nur eines Jahrhunderts geführt haben.

Kaum ein anderer Teil der Naturwissenschaften dürfte in so innigem Konnex mit den Nachbarwissenschaften stehen, keiner diese Letzteren so stark befruchten und von ihnen befruchtet werden, seien es Physik, Botanik, Zoologie, Medizin und neuerdings bei der Entwicklung der theoretischen Grundlagen als Quantenchemie sogar Mathematik, wie die organische Chemie. Alles Leben ist im Grunde genommen organische Chemie. Wir können seine Gesetze nur dann verstehen, seine Prozesse bis zu einem gewissen Grade über die Empirie hinaus beherrschen, wenn wir deren Chemismus erforscht haben. Ein kurzer Vortrag kann naturgemäß nur Lichter auf einige besonders prägnante Entwicklungslinien werfen und zeigen, weshalb unser Zeitalter mit vielen seiner wichtigsten wissenschaftlichen und auch zivilisatorischen Charakteristiken, wie der Erforschung der Naturstoffe, ihrer Zusammenhänge und Synthesen und ihrer Abwandlungen (Kinetik), seinen Kunst-, Farb-, Heil- und Riechstoffen, ein „organisch-chemisches Zeitalter" ist.

Der Vortrag sei in zwei Hauptteile gegliedert:

1. Die sachliche Entwicklung der organischen Chemie,
2. die Persönlichkeiten dieser Entwicklung.

1. Die sachliche Entwicklung der organischen Chemie

Schon der primitive Mensch hat das Bedürfnis, sich aus der Umgebung geeignete Mittel und Prozesse für die Erhaltung und Verschönerung des Lebens zu suchen und dienstbar zu machen. An organisch-chemischen Produkten waren dies Heil- und Giftpflanzen, Drogen, Farb- und Riechstoffe. An organisch-chemischen Prozessen wurde vor allem die Gärung in ihren verschiedensten Formen früh beachtet und technologisch verwertet.

Die Entwicklung der Geistes- und Naturwissenschaften unserer Zeit fußt auf Grundlagen, die vom 6. Jahrhundert vor der Zeitrechnung, von der Gründung der Schule von MILET ab, durch Philosophenschulen Griechenlands und der nachfolgenden hellenistischen Kulturen geschaffen wurden. Die großen geisteswissenschaftlichen Erfolge dieser Philosophen wurden durch das gleiche Prinzip der logischen Verallgemeinerung von Einzeltatsachen erzielt, das auch die Grundlage unserer modernen Naturforschung bildet. Man fragt sich daher, weshalb die griechischen Philosophen zwar auf diesem und auf mathematischem Gebiet vorzügliche Leistungen hervorbrachten, nicht aber auf naturwissenschaftlichem, obwohl die Voraussetzungen für dessen Entwicklung im modernen Sinne zweifellos damals bereits gegeben waren. Der verhängnisvolle Irrweg, der 2000 Jahre lang die abendländische naturwissenschaftliche Entwicklung hemmte, war in der griechischen Philosophie das absolute Primat der Idee über den

Versuch, auch dort, wo sie sich in den atomistischen Theorien des Empedokles und des Demokrit scheinbar modernen klassischen Anschauungen näherte. „Die Eigenschaften der unveränderlichen Atome sind Größe, Gestalt und Bewegung. Sie vereinigen sich miteinander zu den sichtbaren Körpern, wobei etwas völlig Neues entsteht" (Aristoteles). „Eine vernünftige Idee, die sich widerspruchslos in das Gesamt-Weltbild der Philosophie einfügt, benötigt keine experimentelle Rechtfertigung" (Sokrates). Dem Versuch wird nur insoweit Geltung zugebilligt, als er die Schlußfolgerungen einer philosophischen Gedankenkette bestätigt. Die Beschäftigung mit praktischen Dingen ist eines freien Mannes unwürdig. Zwar erkannte Plato bereits klar in der menschlichen Natur und ihren physiologischen Voraussetzungen die Grenzen jeder menschlichen Erkenntnis, die sich mit dem „Wahrscheinlichen" genügen lassen muß. An die Stelle dieser gesunden Skepsis als Voraussetzung jeder Wissenschaft traten aber in den Folgezeiten immer wieder, vor allem unter christlichem Einfluß, Dogmen.

Die rein spekulative Annahme von 4 Elementen und 4 Qualitäten (Aristoteles) bildete durch 2000 Jahre die Grundlage der Chemie und Medizin, erhob den dogmatischen Anspruch auf Allgemeingültigkeit, mit dem Makel der Heräsie für Abweichungen, und machte jeden Fortschritt in der Naturerkenntnis unmöglich.

Erst mit Beginn der Neuzeit, etwa seit Paracelsus, wird diese empirische Benutzung von Naturstoffen und -prozessen und die spekulative Naturbetrachtung durch Versuchsreihen, durch die systematische Erforschung des Wesens und der Ursachen, durch Wägen und Messen, also durch das *Werden der Naturwissenschaften* im modernen Sinne, abgelöst. Nunmehr gewinnt das Wort Goethes Geltung: „Das Beste, was die Wissenschaft geben kann, ist der Enthusiasmus, den sie erregt", ebenso wie dem Jäger aus Passion nicht die Beute das Wichtigste ist, sondern die Beobachtung und Hege der Jagdtiere, das erregende Beschleichen, das Überlisten, die den Jägerinstinkt voraussetzen.

Im Mittelalter und der beginnenden Neuzeit, die von Seuchen und Katastrophen beherrscht waren, stand das Interesse an Heilmitteln an erster Stelle. Der moderne organische Chemiker hat sich vom Arzt über den Pharmazeuten entwickelt. Unsere Wissenschaft trägt auch heute noch die Zeichen dieser Entwicklung deutlich an sich.

Entstanden ist die *organische Chemie als Wissenschaft* in den lateinischen und germanischen Ländern Europas, in England, Deutschland, Frankreich und Italien, sowie in Rußland. Alle Versuche eines Volkes, auf Grund seiner besonderen Leistungen eine Vorzugsstellung in der Entwicklung der Naturwissenschaften zu beanspruchen, sind abwegig, auch dann, wenn es zeitweise auf bestimmten Gebieten führend ist. Als WURTZ, Allemanne aus Straßburg, leidenschaftlicher Franzose, erklärte: „La chimie est une science française“, dämpfte der Berliner Meister A. W. v. HOFMANN: „Es empfiehlt sich nicht die Frage der Nationalität in der Wissenschaft allzusehr in den Vordergrund zu stellen!“ Doch kann ein Volk mit berechtigtem Stolz auf seine Leistungen hinweisen, solange dieser Stolz nicht in Überheblichkeit ausartet. Daß der Geist echter Wissenschaft um die Mitte des neunzehnten Jahrhunderts vor allem in Deutschland lebendig war, mögen zwei Aussprüche von führenden chemischen Forschern dartun. BERZELIUS, der große schwedische Chemiker schreibt: „In Deutschland werden von einer größeren Anzahl von Gelehrten die Wissenschaften ihrer selbst wegen bearbeitet, in vielen anderen Ländern haben die meisten ihre Hauptbestrebungen auf deren Anwendung für das bürgerliche Leben gerichtet. Solange der Geist der deutschen Naturforscher lebt, wird die Frage ‚wozu nützt es‘ dort niemanden von einem Gegenstande der Forschung abhalten, niemanden verlegen machen, wenn er keinen materiellen Vorteil, der dadurch zu erreichen sein könnte, anzugeben vermag. Jetzt bemüht man sich überall, das deutsche Beispiel nachzuahmen.“ BERTHELOT, der große französische Meister, der Vater der Synthese, schreibt nach einer Reise durch Deutschland, daß dort an den Universitäten oft Armut und

Enge herrsche. Er betont aber „l'absence des préoccupations ambitieuses, qui perdent tous nos savants dès qu'ils arrivent à l'age mur".

Die *organische Chemie als Wissenschaft* beginnt 1828 mit der ersten Synthese einer Verbindung der belebten Natur, des Harnstoffes, durch WÖHLER aus einem der unbelebten Natur zugerechneten Körper, dem Ammoncyanat. Die zugehörige Veröffentlichung umfaßt nur 4 Seiten, aber niemals wohl hat ein einfacher Versuch derartige ungeheure materielle, geistige, ja sogar religiöse Folgen gehabt. Zuvor glaubte man, daß alle organischen Stoffe Ausdrücke des Lebens seien und einer besonderen Lebenskraft, der „vis vitalis", ihr Dasein verdankten, also chemisch-synthetisch nicht zugänglich wären. Mit der Widerlegung des Dogmas von der Lebenskraft fiel, zunächst fast unbemerkt, eine der Ketten, die uns mit dem vorwiegend religiösen Geist des Mittelalters verbanden. Nun drängte die befreite Wissenschaft kühn zu neuen Ufern. Nun konnte von großen Chemikern die Überzeugung ausgesprochen werden, daß alle Verbindungen der belebten Welt, so kompliziert sie auch seien, in ihrem chemischen Bau aufgeklärt und im Laboratorium aus einfachen, leicht zugänglichen Verbindungen aufgebaut werden könnten, auch in den Fällen, in denen die experimentellen Voraussetzungen zur Zeit noch nicht gegeben seien.

Diese kurze und anspruchslose Abhandlung WÖHLERS bedeutet zugleich den Anfang der wissenschaftlichen organischen Chemie und den Beginn der organischen Industrie. Man stieß in das Neuland der wissenschaftlichen und technischen Synthese mit ihren ungeheuren Möglichkeiten vor. Man stellte den chemischen Bau begehrenswerter und kostbarer Naturstoffe analytisch fest, wie zum Beispiel der wertvollen Farbstoffe Indigo, Alizarin, und arbeitete Verfahren zu ihrer technischen Synthese aus.

Die Periode der 2. Hälfte des 19. Jahrhunderts war in der organischen Chemie eine Zeit hemmungslosen Forschens und legte die Grundlagen unserer heutigen gewaltigen wissenschaftlichen und technischen Erfolge. Aus den Ergebnissen der Experimentaluntersuchungen wurde die Theorie der chemischen Bindung und die Strukturchemie, die räumliche gegenseitige Lage der Atome in den verschiedenen Molekülen, in erster Linie durch KEKULÉ, BUTLEROW, VAN'T HOFF und LE BEL, sowie PASTEUR und THIELE abgeleitet. Man entwickelte in den Strukturformeln eine chemische Schrift, die dem erfahrenen Chemiker mehr über das Molekül aussagte als langatmige Beschreibungen. Der unerfreuliche Zustand, daß trotz aller Bemühungen die Theorie zwar präparativ ermittelte Abwandlungen der Moleküle zu erklären vermag, aber nur selten in der viel erwünschteren Lage ist, unbekannte Reaktionen vorauszusagen, besteht leider auch jetzt noch, wenn auch in gemildertem Maß. Trotzdem bedeutet die allgemeine Annahme der *Theorie der chemischen Bindung auf der gesicherten Grundlage des natürlichen Systems der Elemente* einen ungeheuren Fortschritt. Die Atome werden in der organischen Bindung durch gemeinsame Elektronenpaare, also elektrische Kräfte, zusammengehalten. Elektrische Kräfte werden zwischen sich nähernden Molekülen durch Induktion verstärkt und bewirken das Zusammentreten verschiedenartiger Moleküle zum Reaktionsknäuel, das der eigentlichen chemischen Umsetzung vorausgeht. Wanderungen von elektrischen Ladungen erscheinen uns schließlich als vollzogene Reaktionen. Durch diese moderne Theorie der Bindungen und der Reaktionen auf elektrischer Grundlage scheinen wir wieder der Einheit des durch übermäßige Spezialisierung und Vereinzelung der Teilwissenschaften zerrissenen physikalisch-chemischen Weltbildes näherzukommen.

Immer wieder wird der Naturforscher aber zu den Müttern hinabsteigen, die Grundlagen seiner wissenschaftlichen Systeme voll Skepsis an Hand seines erweiterten Wissens prüfen müssen, da am Anfang und Ende aller naturwissenschaftlichen Erkenntnis das Experiment steht. Das *Streitgespräch* zwischen den Vertretern verschiedener Anschauungen erwies sich bei dieser Wahrheitssuche als sehr nützlich. Es klärte die Stellungen, gab neue Gesichtspunkte, und oftmals zeigte sich nach heißem Bemühen, daß sich scheinbar ausschließende Meinungen nur verschiedene

Perspektiven auf den gleichen Gegenstand waren. Beispiele hierfür sind in der organischen Chemie die Auseinandersetzungen zwischen WARBURG und WIELAND — „entweder Oxydation oder Dehydrierung im chemischen und biochemischen Geschehen" — und zwischen STAUDINGER einerseits, MAIER und MARK andererseits: „Bestehen die Hochpolymeren aus verhältnismäßig kleinen Bausteinen, die durch zwischenmolekulare Kräfte zusammengehalten werden, sind sie also Mizellen, oder sind sie Makromoleküle?" Nach Jahren erbitterten Streites in der wissenschaftlichen Arena lautete die Lösung nicht „Entweder-oder", sondern vielmehr „Sowohl-als auch", im ersten Falle „sowohl Oxydation wie Dehydrierung", im zweiten Falle „sowohl Makromoleküle wie Mizellen".

Für den Außenstehenden gingen diese akademischen Kämpfe also scheinbar wie das Hornberger Schießen aus. Tatsächlich aber ergaben sich aus ihnen physiologische, chemische, medizinische und technisch-zivilisatorische Folgerungen, die irgendwie jeden modernen Menschen betrafen. Die scharfe chemische Präzisierung des hochmolekularen Zustandes bedeutete den Beginn einer neuen Aera in der Erforschung und Deutung der lebenden Natur, sowie in der Darstellung, Veredlung und technischen Nutzung von Kunst- und Naturstoffen.

Wenn auch naturwissenschaftliche Forschungen zunächst nur der menschlichen Erkenntnis und der Erweiterung unseres Weltbildes dienen, so wird doch ihre Entwicklung durch äußere Faktoren erheblich beeinflußt. Der Chemiker benötigt *Forschungsmaterial.* Diese Grundvoraussetzung seiner Arbeit bieten ihm verschiedene Länder in ihren Naturschätzen verschiedenartig an und lenken damit die örtliche Entwicklung.

In Kohlenländern, wie vor allem in *Deutschland*, *England* und *Frankreich*, brachte die Verkokung der Kohle, die Voraussetzung der schnell anwachsenden Hüttenindustrie, den *Teer*. Aus dem üblen Abfallsprodukt wurde er in der Hand des organischen Chemikers in kurzer Zeit zum hochgeschätzten Rohmaterial Durch die Versuche zur Herausarbeitung und Veredelung der

Bestandteile des Teeres zu Farbstoffen, Pharmazeutica und Riechstoffen erweiterte der Bearbeiter sein chemisches Können und Wissen und schmiedete Waffen für die schwierigeren und gerichteten Aufgaben der Forschung auf dem Gebiete der Naturstoffe und Biologie. Er schaffte die theoretischen Grundlagen der Reaktionskinetik.

England wurde im wissenschaftlichen und technischen chemischen Kampf sehr bald von Deutschland überrundet, das aber lange Zeit noch seinen Teer aus England einführen mußte und erst 1908 gleichviel produzierte wie letzteres. Teerfarben und Pharmazeutica wurden die wichtigsten Aktivposten der Deutschen Handelsbilanz. Die wissenschaftliche und technische Situation auf dem Gebiete der chemischen Wissenschaft und Industrie wurde 1902 vor der britischen Chemischen Gesellschaft durch DEWAR mit äußerster Bitterkeit wie folgt präzisiert: „ Das wirklich Furchtbare liegt nicht darin, daß sich die Deutschen einer Industrie oder auch mehrerer wichtiger Industrien bemächtigen. Das deutsche Volk hat eine allgemeine Ausbildung und spezialisierte Schulung erreicht, die uns zwei Generationen energischer und klug geleiteter Erziehungsarbeit kosten wird, um das gleiche Ziel zu erreichen. Sie wird dem Reich einen gewaltigen Anfangserfolg in jedem Kampf bringen, der vom diszipliniert und planmäßig vorgehenden Intellekt abhängt.“ Daß dieses Gefühl des Überrundetseins auf eigenstem Gebiet, auf dem es noch vor kurzem führend war, erheblich mit zur unversöhnlichen Feindschaft Englands gegen Deutschland beitrug, die sich in der Entente cordiale und im ersten Weltkrieg entlud, ist die traurige politische Seite dieser kaufmännischen und technischen Rivalität, die die zwangsläufige Folge eines übersteigerten Kapitalismus und Merkantilismus war.

Während der Mensch nach seiner Art den in Jahrmillionen angehäuften Schatz, der in *Kohle* verwandelten Sonnenwärme, zunächst in unverantwortlicher Weise verschwendete, wird die Kohle in naher Zukunft mehr und mehr als Energielieferant ausscheiden und zum chemischen Rohstoff werden. In Wassergas, in Äthylen, in Azetylen umgewandelt, bildet die Kohle bereits heute das Ausgangsmaterial gewaltiger chemischer Industrien der Kunststoffe, des künstlichen Kautschuks usw. Deutsche Forscher und Techniker wie Bosch, Reppe und mein Lehrer Franz Fischer haben für die notwendigen katalytischen Prozesse die präparativen und apparativen Voraussetzungen geschaffen und damit Pionierarbeit für die ganze Menschheit geleistet.

Die Voraussetzungen des modernen Verkehrs und damit der modernen Wirtschaft sind *Erdöl und Kautschuk*. Der Zwang, sich vom Import beider freizumachen, führte in *Deutschland* zu den bekannten Triumphen in der organisch-chemischen Forschung. Verfahren zur Synthese von Kautschuk und Benzin aus Kohle, neben Salzlagern unser einziger Rohstoff, bereicherten den Apparatebau und die Reaktionskinetik sowie die Wissenschaft der Katalyse. Die dabei gemachten Erfahrungen bildeten eine Grundlage für die heutige Entwicklung der Azetylenchemie.

In den Erdölländern, in erster Linie in den *Vereinigten Staaten* und der *Sowjetunion*, boten sich gewaltige Mengen von *Erdöl* als Energielieferant und chemischer Rohstoff an und beeinflußten die dortige organisch-chemische Forschung entscheidend. Erdöl ist in seiner Zusammensetzung einförmiger und chemischen Prozessen zunächst nicht so zugänglich wie der Teer.

Mendelejew, einer der Väter des natürlichen Systems der Elemente, der Grundlage der gesamten modernen Chemie, arbeitete wiederholt über das Erdöl. Wertvollste Entwicklungsarbeit in bezug auf den Bau der Inhaltsstoffe, der Naphthene, des russischen Petroleums, analytisch wie synthetisch, über seine Veredlung durch Crackung und Aromatisierung leistete aber erst Selinski mit der von ihm gegründeten größten chemischen Schule der Sowjetunion, dessen zahlreiche Schüler, wie Nesmejanow, Tschugaeff, Namjotkin u. a., in den wissenschaftlichen und technischen Schlüsselstellungen der UdSSR tätig waren und sind. In Rußland wurde das brennende Problem des künstlichen Kautschuks auf eine originelle Art durch Lebedeff gelöst, der den aus pflanzlichen Rohstoffen durch Gärung leicht zugänglichen

Alkohol zum Ausgangsprodukt einer sehr einfachen katalytischen Synthese machte, die inzwischen die Welt erobert hat.

In den *Vereinigten Staaten*, dem Lande der Mammutkonzerne und -produktionen wurde die chemische Nutzbarmachung des Erdöls in großartigen Fabriklaboratorien vorangetrieben, wobei die grundlegenden Pionierarbeiten des ehemaligen IG-Farben-Konzerns bei der technischen Benzinsynthese wertvollste Hilfen leisteten.

Das interessanteste und meist bearbeitetste Teilgebiet der organischen Chemie sind heute die *Kunststoffe*, die, nicht mehr als minderwertige Ersatzstoffe, einen unerhörten Siegeszug über die ganze Erde angetreten haben, so daß man bereits mit Fug und Recht von einem Zeitalter der Kunststoffe sprechen kann, das die Aera des Eisens weitgehend abgelöst hat. Noch zu Beginn unseres Jahrhunderts wurden klebrige, schmierige Massen, die ungewollt entstanden waren, als Harze bezeichnet und verworfen. Die bekannten Arbeiten von E. FISCHER über Polypeptide und Polysaccharide führten zunächst nicht zur Beantwortung der Frage nach der chemischen Natur der Cellulose, der Stärke und der Eiweißstoffe als Hochpolymere. 1902 wurden die Novolacke, 1907 die Bakelite, 1912 die ersten polymeren Vinylverbindungen in technischem Maße hergestellt.

Ab 1910 begann die Kunstseide aus Zellstoff und Baumwolle als Regenerat, als Azetyl- und Ätherzellulose ihren Siegeszug. Im ersten Weltkrieg wurde unter der Not der Zeit der erste noch sehr minderwertige Kunstkautschuk in Deutschland synthetisch hergestellt. Aber erst durch die genialen Entwicklungsarbeiten von CAROTHERS in den USA und durch die zielbewußten Modellversuche von STAUDINGER in Deutschland wurde der chemische Bau der natürlichen und künstlichen Hochpolymeren im Sinne von *Makromolekülen* endgültig geklärt und der Weg für ihre Synthese und ihre breite chemische Nutzung geebnet. STAUDINGER bewies, daß eine ununterbrochene Folge von den niedrigmolekularen organischen Stoffen über Verbindungen mittleren Mol.-Gewichtes (sog. Hemikolloiden mit Mol-Gewichten bis 40000) zu Hochmolekularen (sog. Eukolloiden mit Mol-Gewichten bis 1000000 und mehr) führte. In kolloidartigen Hochpolymeren, – wie Cellulose, Stärke, Kautschuk, Eiweißstoffen – sind also nicht verhältnismäßig kleine Bausteine durch die Wirkung zwischenmolekularer Kräfte zu Mizellen zusammengeschlossen. Wenn wir heute auch wissen, daß letztere Kräfte bei der Lagerung von Molekülketten im Kristall und in der Faser eine wesentliche Rolle spielen, wenn sie in der künstlichen und der lebenden Substanz zu den technisch bedeutungsvollen physikalischen Eigenschaften, z. B. der Festigkeit, der Elastizität, entscheidend beitragen, so spricht das nicht gegen die Bedeutung der Pionierarbeit STAUDINGERS, sondern ergänzt sie.

Eine wichtige Schwesterwissenschaft ist dem organischen Chemiker heute die *Mikrobiologie*, die Lehre von der Lebenstätigkeit und den Stoffwechselprodukten der Mikroorganismen, geworden. Als Gärungserzeuger genützt, als Erreger furchtbarster Seuchen gefürchtet, wurden Mikroorganismen nach den grundlegenden Arbeiten von PASTEUR, von BUCHNER (zellfreie Gärung 1897) und EHRLICH, nach der Entdeckung und Erforschung der Hilfsstoffe des Lebens, der Vitamine, Hormone und Spurenmetalle, gezüchtet. Ihre Stoffwechsel- und Ausscheidungsprodukte wurden zu einer neuen Rohstoffquelle für die chemisch-pharmazeutische Wissenschaft und Technik. Die chemische und biologische Bekämpfung der Krankheitserreger führte zur Chemotherapie, wobei EHRLICH das Verdienst gebührt, als erster planmäßig die Chemie in den Dienst der Medizin gestellt zu haben. Der Medizin wurden Waffen im Kampfe gegen Krankheitserreger, der Landwirtschaft wertvollste Hinweise für die Steigerung der Bodenfruchtbarkeit, der Pflanzenpathologie Mittel für die Schädlingsbekämpfung in die Hand gegeben.

Der jüngste Wissenszweig der organischen Chemie, die *Zeichnung organischer Verbindungen mit radioaktiven Isotopen*, vor allem mit C_{14}, hat in der kurzen Zeit seiner bisherigen Anwendung bedeutungsvollste Ergebnisse erreicht, die mit den früheren Methoden nicht erzielbar waren. Es gelang der Nachweis, daß der wichtige Lebensprozeß, die Assimilation, in einem biologischen Kreisprozeß über Phosphorglycerinsäure (S. RUBEN und M. D. KAMEN 1941), der physiologische Aufbau von Steroiden und Polyterpenen, im Stoffwechsel über sog. „aktive Essigsäure“, das Acetylcoenzym A, erfolgt. Auch die Reaktionskinetik erhielt in dieser neuen Versuchstechnik ein wertvolles Mittel zur Aufklärung von Reaktionsabläufen, über die wir zuvor trotz großer synthetischer und analytischer Erfahrungen nur wenig wußten. Voraussetzung der chemischen Bearbeitung von Lebensprozessen, ihrer Katalysatoren und Regler (Vitamine, Hormone, Wuchsstoffe, Aktivatoren), der Krankheits- und Gärungserreger und ihrer Ausscheidungsprodukte, war die Ausarbeitung neuer *Mikromethoden*, die Technik der Isolierung und der chemischen Untersuchung winzigster Substanzmengen. Besonders fruchtbar wurden mikroanalytische Methoden der chromatographischen Trennung, insbesondere als Papierchromatographie, Verteilungschromatographie und Elektrophorese, sowie optische Untersuchungsverfahren.

Über die organisch-chemische Theorie: Einige bedeutende organisch-chemische Forscher lehnten jede *Theorie* ab oder standen ihr zumindest gleichgültig gegenüber. Der Organiker THIELE dichtete in einer Bierzeitung:

„Ja bestehen bleibt das Faktum,
Das Ihr mühevoll gefunden,
Dieses bleibt, wenn Hypothesen
Längst vergessen und verschwunden“.

Aber auch der erbittertste Gegner von Theorien benützt – oftmals unbewußt – von Fall zu Fall Theorien, um vom Speziellen zum Allgemeinen zu gelangen und dadurch die Fortsetzung seiner Versuche vorzubereiten. Eine brauchbare Theorie hat der Altmeister der Chemie BERZELIUS wie folgt umschrieben: „All unsere Theorie ist nichts anderes als die Art, sich den inneren Verlauf eines Phänomens auf konkrete Weise vorzustellen, und sie ist annehmbar und ausreichend, wenn alle in der Wissenschaft bekannten Tatsachen aus ihr abgeleitet werden können. Eine solche Vorstellungsweise kann falsch sein und dennoch während einer gewissen Periode in der Entwicklung der Wissenschaft ebenso ihren Zweck erfüllen wie eine richtige Theorie. Die Erfahrungen mehren sich, Tatsachen werden gefunden, die nicht mit ihr übereinstimmen, und man wird gezwungen, eine neue Vorstellungsweise zu suchen, die auch auf diese Tatsachen paßt. Zweifellos werden von Zeitalter zu Zeitalter die Vorstellungsweisen in dem Maße geändert werden, als die Erfahrung wächst, und die vollkommen richtige Deutung wird vielleicht nie gefunden." Diese Äußerung des großen schwedischen Chemikers deckt sich also völlig mit dem früher angeführten Urteil PLATOS.

Die wissenschaftliche Theorie qualitativen Charakters wurde in die organische Chemie durch die Arbeit LIEBIG's und WÖHLERS über das Radikal der Benzoesäure eingeführt, durch die von KEKULÉ postulierte konstante Vierwertigkeit des Kohlenstoffes in organischen Verbindungen und die Benzolformel, die Strukturtheorie von KEKULÉ und BUTLEROW, sowie das Tetraedermodell der organischen Bindung von VAN'T HOFF und LE BEL fortgesetzt, das PASTEUR und FISCHER mit bekanntem Erfolg benützten. Heute versucht man durch die Anwendung der Quantenmechanik auf die Probleme der chemischen Struktur und Reaktionskinetik zu quantitativen Aussagen zu gelangen, wobei man sich auf das ungeheuer angewachsene Tatsachenmaterial der präparativen organischen Chemie stützt (Quantenchemie). Allerdings zwingen die komplizierte Form der Wechselwirkung einer großen Zahl von Teilchen im Molekül und die außerdem noch vorhandenen zwischenmolekularen reaktionsbedingenden Kräfte zu vereinfachenden Voraussetzungen, so daß die bisherigen Ergebnisse vom Näherungsverfahren (insbesondere das der Elektronenpaare und das der Molekularschalen (molecular orbits)) häufig nur wenig befriedigen. Vielleicht werden bessere Lösungen mittels neuartiger Rechenmethoden oder Rechenmaschinen erhalten werden.

Der Beginn des *organisch-chemischen Lehrbetriebes* liegt im Apotheker-Laboratorium. Durch LIEBIG wurde das erste moderne

Unterrichts- und Forschungszentrum, das Muster aller späteren chemischen Laboratorien, in der Universität Gießen geschaffen. Als idealer Vertreter der Unterrichts- und Forschungsmethode des 19. Jahrhunderts wirkte in Deutschland und England die überragende Persönlichkeit von A. W. v. HOFMANN, begeisternd als Lehrer und Forscher, als einer der letzten alle Zweige der organischen Chemie beherrschend, in Frankreich DUMAS. Für diese überragenden Forscher und Lehrer war ihr zweifaches Amt, die Lehre und die Forschung, kein Beruf, sondern eine Passion. Beide Tätigkeiten waren gleichberechtigte Ausdrucksformen ihrer Persönlichkeiten.

Die organische Chemie war damals im besten Sinne international. Junge Chemiker wechselten von Paris nach Gießen und Heidelberg, von München nach Berlin und London, dahin wo chemische Sonnen strahlten. Allerdings setzte diese Art des Studiums und der Forschung bedeutende persönliche Mittel oder, seltener, staatliche Unterstützung voraus. Die ideale Beziehung zwischen Lehrer und Schüler charakterisiert A. v. BAEYER, dessen schulbildender Einfluß wohl einmalig ist und zu dessen Schülern bedeutendste Hochschullehrer und Industrielle zählten, folgendermaßen: „Wohl dem, der von seinem Lehrer die Hingabe an die Arbeit lernen durfte, den Sinn für das Wichtige, den Drang für das Tieferschürfen, die Begeisterung für den ausführbaren nächsten Schritt". Nie ist wohl die gegenseitige Befruchtung zwischen einem großen Lehrer und seinen bedeutenden Schülern aus aller Welt intensiver gewesen als in diesen Zeiten.

Der Umfang der Lehre nahm mit wachsender Studentenzahl, die Schwierigkeiten in der Forschung mit wachsenden Forschungsergebnissen immer mehr zu. Schon LIEBIG hatte beim Übertritt nach München die Vortragsverpflichtung als lästige Störung seiner wesentlich literarischeren Arbeit abgelehnt. E. FISCHER ließ sich in Berlin von jeder Lehrverpflichtung entbinden und fand hierbei im Gegensatz zu OSTWALD in Leipzig einen verständnisvollen Referenten im preußischen Unterrichtsministerium und eine ebenso verständnisvolle Fakultät. Er umschrieb auch klarblickend die wesentlichen Schwierigkeiten der übermäßig angewachsenen Lehre und Forschung, und seine Worte haben auch heute nach 50 Jahren noch uneingeschränkte Geltung: „Wissenschaftliche Betätigung muß, vom Standpunkt des Volksganzen aus behandelt, Sache der Befähigung und nicht des Geldbeutels sein". „Naturwissenschaftliche Lehrer dürfen nicht durch die ständig wachsenden Lasten der Vorlesungen und Prüfungen von ihrem eigentlichsten Anliegen, der Forschung, abgehalten werden". Er forderte chemische Forschungsstätten, „losgelöst von den Pflichten des Unterrichts und frei von den wirtschaftlichen Hemmungen der großen Industrielaboratorien". Bezeichnend ist sein Ausspruch: „Ein junger Chemiker, der sich mit ganzem Ernst der Wissenschaft widmen soll, soll seine Hände grundsätzlich von Erfindungen lassen, da die Wissenschaft, wenn sie zu beachtlichen Erfolgen führen soll, den ganzen Mann verlangt." In erster Linie auf seine Initiative hin wurde die Chemische Reichsanstalt errichtet und später, unter Führung von A. v. HARNACK, die *Kaiser-Wilhelm-Gesellschaft*, die heutige Max-Planck-Gesellschaft in Westdeutschland, gegründet, in der die wissenschaftlichen Mitglieder der Institute völlig frei in der Ausführung ihrer selbstgewählten Aufgaben sein sollten.

Sowjetrußland hat bekanntlich die *Akademie der Wissenschaften* in Moskau zum wissenschaftlichen Zentrum des gewaltigen Reiches gemacht, ihr damit gleichzeitig für Rußland die Aufgaben, die die ehemalige Kaiser-Wilhelm-Gesellschaft in Deutschland erfüllte, übertragen und ihr eine absolute Hegemonie in wissenschaftlichen und technischen Fragen zuerteilt.

In den USA hat der Staat, mit Ausnahme von Krisen- und Kriegszeiten, wenig in die Organisation der wissenschaftlichen organischen Chemie eingegriffen. Die Beherrscher der Wirtschaft, die Großkonzerne, unterstützen die Universitäten und Hochschulen überreichlich, wie vor allem die ROCKEFELLER-Foundation und die CARNEGIE-Stiftung. In vorzüglich eingerichteten Laboratorien wird eine breite Zweck- und Grundlagenforschung betrieben. Die industrielle Forschung kapselte sich allerdings niemals so in Geheimverfahren ab wie in der deutschen Großchemie.

Daß eine Trennung von Lehre und Forschung auch Gefahren mit sich bringen könnte, hat FISCHER klar vorausgesehen. Begeisternd auf die Jugend, werbend für die Fachwissenschaft ist nur der große Lehrer, der gleichzeitig ein großer Forscher ist. Ihm verdankt die chemische Industrie ihren meteorartigen Aufstieg. „Bei Forschungsanstalten, die in keinem oder nur in losen Verhältnissen zu Hochschulen stehen, die kein eigenes Diplomierungs- und Promotionsrecht haben, fehlt der regelrechte Zustrom von Mitarbeitern.“ Die Wahrheit dieser Voraussicht von Emil FISCHER haben bis in die letzte Zeit Institute der Max-Planck-Gesellschaft zu ihrem Leidwesen erfahren.

Im allgemeinen blieben die chemischen Lehrer und Forscher ihrem Berufe in Deutschland treu, während in Frankreich gerade die größten sich später politischen Aufgaben als Senatoren, Minister, Gesandte usw. zuwandten. In England, dem klassischen Lande des Erwerbs in Europa, fand stärkstes Hin- und Herwechseln zwischen Hochschule und Technik statt.

Der Forschungsbetrieb: Früher erzielte der organisch-chemische Forscher, selbst am Labortisch stehend, unterstützt nur von seinen Schülern, mit primitiven apparativen Voraussetzungen seine oftmals grundlegenden und wegweisenden Versuchsergebnisse. Heute wird die Einheit der Naturwissenschaften einschl. der Medizin auf einer höheren Ebene durch Bildung von zeitweiligen oder ständigen *Forschungsgemeinschaften*, aus Chemiker, Physiker, Botaniker, Zoologe, Mikrobiologe und Mediziner bestehend, verwirklicht, wobei jeder Mitarbeiter seine speziellen Fähigkeiten und Kenntnisse zur Lösung einer schwierigen Aufgabe, z. B. der Isolierung und Erforschung eines Vitamins, eines Hormons, eines Antibioticums, eines Enzymsystems. beiträgt. Es muß aber betont werden, daß auch heute noch neue Wege und Erfolge mit einfachen apparativen Hilfsmitteln erzielt werden können, und daß die Chemie des Reagenzglases noch keineswegs zu Ende ist.

2. Die Persönlichkeiten der Entwicklung der organischen Chemie

In seiner Begründung des Nobelpreises für A. v. BAEYER sagte A. LINSTAEDT: „Der Weg des Forschers zu einer Entdeckung ist wechselreich je nach der Beschaffenheit des Zieles. Bald können sich ihm nach einer ganz kurzen Wanderung ungeahnte Weiten eröffnen. Bald wieder muß er sich langsam und sicher mit zäher Ausdauer einen Weg zum Ziel bahnen."

Im Mittelpunkt aller Dinge steht stets der Mensch als Persönlichkeit. Ein Forscher kann durch seine Spezialbegabung zu einer ganz bestimmten umgrenzten Arbeit unwiderstehlich getrieben werden, so daß er sich dieser Aufgabe ohne Gedanken an Ruhm und Lohn hingibt. Vitalen und vielseitig begabten Persönlichkeiten ist dagegen die Forschung oftmals nur *ein* Mittel, ihre Kräfte zu üben und den Beifall ihrer Zeitgenossen zu gewinnen. Ähnlich bedeutende Ergebnisse würden sie genauso in anderen Berufen bewirken. Für große und leidenschaftliche Patrioten und Humanisten, – wie z. B. die organischen Chemiker BERTHELOT und DUMAS – ist die Haupttriebfeder ihres Forschens Vaterlandsliebe und Humanität gewesen. BERTHELOT, der Vater der Synthese, schreibt: „Je serai dupe jusqu'au bout de ce désir du progrès que vous reléguez si sagement parmi les illusions".

Der Versuch W. OSTWALDS, große Männer in Klassiker und Romantiker einzuteilen, führt zweifellos zur Typisierung und Schematisierung und damit zur Vereinfachung und Vergröberung, kommt aber dem menschlichen Ordnungsbedürfnis entgegen. Mit demselben Recht könnte man in Realisten und Idealisten, in verstandes- und in gefühlsbetonte Persönlichkeiten einteilen oder von Menschen mit ausgesprochen männlichen und solche mit zusätzlichen weiblichen Charakterzügen sprechen. Größte Leistungen in Kunst und Wissenschaft – und jede große wissenschaftliche ist zugleich eine künstlerische Leistung und erblüht aus den gleichen seelischen Bezirken – sind bei einer glücklichen Mischung beider Elemente zu erwarten, oder wenn sich zwei Vertreter der beiden Persönlichkeitstypen zu gemeinsamer Arbeit zusammenschließen, wie LIEBIG und WÖHLER.

Der *Klassiker als Systematiker*, meist ohne hervortretende künstlerische Neigungen, fügt Stein zu Stein bis ein unerschütterliches Gebäude entstanden ist. Nicht Genie in erster Linie, sondern eiserner Fleiß und Folgerichtigkeiten zeichnet seine Leistung aus. „Genie ist für ihn 10% Inspiration und 90% Transpiration". Zu den Klassikern können wir DALTON, WÖHLER, BUNSEN, BAEYER, E. FISCHER, in neuerer Zeit WALLACH, H. FISCHER, WINDAUS, HAWORTH rechnen. Unter Hintansetzung ihrer eigenen Persönlichkeit bis zum asketischen Verzicht auf die Annehmlichkeiten des Lebens stellen sie an ihre eigene Arbeitskraft und an die ihrer Mitarbeiter die größten Anforderungen. Sie sind ihren wissenschaftlichen Zielen gegenüber opferbereite Idealisten und tragen den größten Teil ihrer wissenschaftlichen Bürde. Sie sind kritisch der eigenen Leistung gegenüber, realdenkend, geduldig und energiegeladen. Ihre Lebensaufgaben sind meist innerhalb beschränkter Grenzen gewählt. Bei E. FISCHER waren es biologisch wichtige Naturstoffe, bei H. FISCHER Blut- und Blattfarbstoff, bei WALLACH Terpene, bei WINDAUS Cholesterin und verwandte Verbindungen, bei HAWORTH Zucker. Sie nützen alle neuartigen Methoden und Erkenntnisse, soweit sie ihrem Ziele dienen. Sie erkennen nur den Versuch an. Gegen Spekulationen und Theorien haben sie entweder eine ausgesprochene Abneigung, wie KOLBE, der die Theorien von BUTLEROW und vor allem von VAN'T HOFF mit größter Heftigkeit bekämpfte. Oder sie stehen Theorien völlig gleichgültig gegenüber wie R. BUNSEN und A. v. BAEYER und lassen sie nur gelten, soweit sie nützlich sind, d. h. soweit sie Handhaben zu experimentellen Prüfungen bieten. A. v. BAEYER, selbst ein unermüdlicher Experimentator bis in das Greisenalter, pflegte immer wieder zu betonen: „Durch Arbeit hat noch niemand Schaden genommen." Bücher schreiben überließ er denen, „die nicht experimentieren können". Die Systematiker irren selten, da sie nie die Grenzen der selbstgewählten Beschränkung überschreiten. O. WALLACH, der große

Meister der Terpenchemie, pflegte die Reinheit und die Konstanten aller Verbindungen seiner Mitarbeiter bis ins hohe Alter eigenhändig nachzuprüfen. Jede Angabe in seinen vielen Veröffentlichungen ist hieb- und stichfest. Der Klassiker versucht sein beschränktes Ziel zu erreichen und hinterläßt, im Rahmen seiner Zeit, ein abgeschlossenes Erbe und wenig unbeantwortete Fragen, bis später seinen Nachfolgern neue Aspekte, neue Methoden neuartige Impulse geben. Erinnert sei an die völlig abgeschlossenen Meisterarbeiten E. FISCHER's über Zucker, Eiweiße und Purine, die erst viel später unter dem Einfluß neuer physiologischer Zielsetzungen und neuer analytischer und synthetischer Methoden erneut das breiteste Interesse der Forschung fanden.

Nicht so sehr die eleganten und universalen Romantiker gründeten große und dauerhafte *Schulen*, sondern gerade die nüchternen, fleißigen und folgerichtigen Systematiker, die Meister des Versuchs, wie BERZELIUS, BERTHELOT, BUNSEN, A. v. BAEYER, E. FISCHER, O. WALLACH, H. FISCHER, WINDAUS, SELINSKI. Sie zogen den werdenden Chemiker an, da sie ihm treffliche Methoden und Handwerksgerät vermittelten.

Als Beispiel von *Romantikern* im Sinne der Einteilung OSTWALDS seien angeführt: J. v. LIEBIG, A. W. v. HOFMANN, Victor MAYER und KEKULÉ in Deutschland, L. PASTEUR in Frankreich, MENDELEJEW, BUTLEROW, WAGNER und BORODIN in Rußland. Die Romantiker sind rezeptiv, öfters auch produktiv, den Künsten zugewandt und für Schönheiten der Natur aufgeschlossen. Der junge LIEBIG war mit dem Dichter v. PLATEN innig befreundet. A. W. v. HOFMANN verehrte Zeit seines Lebens die Künste. Victor MAYER wollte zunächst Schauspieler werden. Er betätigte sich wie J. v. LIEBIG literarisch über die Grenzen des Fachgebietes hinaus. PASTEUR war in der Jugend ein überdurchschnittlicher Maler. Dem russischen Organiker BORODIN ist außer ausgezeichneten chemischen Arbeiten die heute noch aufgeführte Oper „Fürst Igor“ zu verdanken. Während die Systematiker langsam reifen, sind viele Romantiker frühreif und ernten Anerkennung und Ehre schon in einem Alter, in dem andere junge Leute noch als Studenten ihren Studien obliegen. Zwei Beispiele mögen illustrieren, wie die Romantiker weniger aus dem Verstande, als aus den unbewußten Bezirken der Seele heraus ihre größten Leistungen vollbringen:

> Nachdem MENDELEJEW die Anregung zu seiner Untersuchung über den Zusammenhang der Elemente als Schüler BUNSEN's beim Internationalen Kongreß in Karlsruhe 1860 erhalten und oftmals erfolglos Zettelchen mit Elementen nach jeder Möglichkeit hin geordnet hatte, fand er, nach seinen eigenen Angaben, im Schlafe die richtige Ordnung mit Atomgewichten und Grundeigenschaften und beeilte sich nach dem Erwachen sie aufzuschreiben.

KEKULÉ schildert die Entstehung seiner Strukturtheorie folgendermaßen:

> „Als ich an einem schönen Sonnentage in London mit dem letzten Omnibus nach Hause fuhr, versank ich auf dem Dach des Omnibusses in Träumerei. Da gaukelten vor meinen Augen die Atome. Ich hatte sie immer wieder in Bewegung gesehen, jene kleinen Wesen, aber es war mir nie gelungen, die Art ihrer Bewegungen zu erlauschen. Heute sah ich, wie vielfach zwei kleinere sich zu Pärchen zusammenfügten, wie größere zwei kleinere umfaßten, noch größere 3 und selbst 4 der kleineren festhielten, und wie sich alles in wirbelnden Ringen drehte. Ich sah wie größere eine Reihe bildeten und nur an den Enden der Kette noch kleinere mitschleppten. So entstand die Strukturtheorie".

Die Romantiker sind vielseitige Naturen, mit dem Schwung scheinbar ewiger Jugendfrische, von großer Weltläufigkeit. So bestechend sie, oftmals Glückskinder des Lebens, neben den strengeren Klassikern wirken, so fehlen doch häufig die Tiefen, die erst durch ein ernstes und großes Schicksal geschaffen werden. Sie zeigen oft die Überspitzungen und Kehrseiten ihrer guten Eigenschaften. Sie sind oftmals übertrieben „Ichbezogen", und in bezug auf ihre eigene Person eitel und überempfindlich. Das

Ergebnis des Experiments ist für sie öfter nur ein Mittel zum Beweis ihrer Meinung. LIEBIG konnte leidenschaftlich und heftig bis zur Schroffheit und Rücksichtslosigkeit sein. Im Gegensatz zu dem folgerichtig denkenden und schaffenden Systematiker Robert KOCH war der genialere PASTEUR nicht Herr der Methoden, sondern er wurde von seinem Genie, seinen Erleuchtungen getrieben. Er war rechthaberisch, sophistisch, ruhmgierig, oft unüberlegt, manchmal theatralisch. Im abgeschwächten Maße trifft dieses Urteil auch auf andere Romantiker zu. A. v. BAEYER schrieb über A. W. v. HOFMANN an E. FISCHER: „Die Kunst der Darstellung verdeckte den Mangel an Tiefe, nie hob sich hinter dem Vorgetragenen der Vorhang etwas, um den Blick, die Aussicht in weite Ferne zu gestatten. Man steht bewundernd vor seiner Arbeitskraft, aber es ist schwer, sich für ihn zu erwärmen, da er wohl eigentlich keine rechte Liebe zur Sache hatte." Selbstverständlich wird der schwer mit dem Stoff ringende Forscher einen vielleicht unterbewußten Groll dem strahlenden Kollegen gegenüber haben, dem Glückskind, von aller Welt geliebt, dem der Erfolg scheinbar mühelos zufällt. Aber ein Teil der Beurteilung BAEYER's besteht doch wohl zu Recht. Die Romantiker unter den organischen Chemikern hinterließen selten ein abgeschlossenes Erbe wie die Klassiker. Sie sind universale schöpferische Naturen, für die die Wissenschaft keine Grenzen hat, und die sich an keine Grenzen binden. Sie sind nur an großen Zielen interessiert, überlassen die Kleinarbeit den Mitarbeitern und Nachfolgern. Sie wechseln leicht zu anderen Wissenschaften oder zu politischen, volkswirtschaftlichen, literarischen und künstlerischen Bestrebungen über, wie LIEBIG, OSTWALD, V. MAYER, DUMAS, BERTHELOT. Sie zeigen besondere Fähigkeiten, die technischen und medizinischen Möglichkeiten ihrer Versuchsergebnisse zu erkennen und zu verwirklichen. Sie sind häufig führend in der Popularisierung ihrer Wissenschaft. Von beiden Forschertypen sind sie zwar die ichbezogeneren und inkonsequenteren, aber auch die weltoffeneren und genialeren. Wo viel Licht ist, da ist auch viel Schatten.

Bei der wissenschaftlichen *Ehe eines Systematikers und eines Romantikers* dominiert der eigenwilligere und vitalere Romantiker.

Als WÖHLER LIEBIG, um Streitigkeiten zu vermeiden, wissenschaftliche Zusammenarbeit vorschlug, warnte ihn sein Lehrer BERZELIUS: „Man wird ihm die Ehre Eurer gemeinschaftlichen Resultate zuerkennen und Dir die Ehre dazu haben beitragen zu dürfen!“

Das Ideal würde der Forscher verkörpern, der die wesentlichen Züge beider in sich vereinigt. Pflicht der Erziehung sollte es mehr als bisher sein, im heranwachsenden Menschen beide Keime zur Entwicklung zu bringen und nach der Überbewertung früher der Geisteswissenschaften, heute der „Naturwissenschaften“ ihre notwendige Synthese zu bewirken. Nur so wird man den Gefahren der wachsenden Vereinsamung der Einzelwissenschaften und der überzüchteten Spezialisierung der naturwissenschaftlichen und technischen Fächer wirksam begegnen können. Verheißungsvolle Anzeichen sind heute bereits überall erkennbar.

Fragt man abschließend nach der Bedeutung und dem Anteil beider Forschertypen an der Entwicklung der organischen Chemie, dann kann die Antwort auch hier nicht „Entweder-oder“, sondern „Sowohl-als auch“ lauten.

Literatur

1. ANSCHÜTZ, RICHARD: August Kekulé, Leben und Wirken.
   (Verlag Chemie G.m.b.H., Berlin 1929).
2. ARBUZOW, A. E.: Kurzer Abriß der Entwicklung der organischen Chemie in Rußland (russ.).
   (Akademie der Wissenschaften der UdSSR, Moskau, 1948.)
3. BAYER, ADOLF VON: Gesammelte Werke.
   (Braunschweig, Fr. Vieweg u. Sohn, 1905.)
4. BUGGE, GÜNTHER: Das Buch der großen Chemiker.
   (Verlag Chemie GmbH, Weinheim-Bergstr. 1955.)
5. CROWTHER, J. G.: British Scientists of the 19th Century.
   (Regan Paul, Frensh, Trubner u. Co., London 1935.)
6. HOESCH, KURT: Emil Fischer, Sein Leben und sein Werk.
   (Ber. dtsch. chem. Ges. *54* [1921], Sonderheft.)
7. LEICESTER, H. M.: The Historical Background of Chemistry.
   (J. Wiley and Sons Inc. New York, 1956.)
8. OSTWALD, WILHELM: Lebenslinien.
   (Leipzig, 1926/1927.)
9. OSTWALD, WILHELM: Große Männer.
   6. Auflage, Leipzig 1927.)

Fortsetzung von der 2. Umschlagseite

Heft 3 Prof. Dr.-Ing. e. h. KARL KEGEL / Der Salzstock Mirowo bei Provadia in Bulgarien
26 Seiten – 9 Abbildungen – 8° – 1951 – DM 3,– *(vergriffen)*

Heft 4 Prof. Dr. HERBERT BECKERT / Prof. Dr. HANS SALIÉ / Bemerkungen über die Verbiegung hyperbolisch gekrümmter Flächenstücke / Über Abels Verallgemeinerung der binomischen Formel
22 Seiten – 2 Abbildungen – 8° – 1951 – DM 2,25

Heft 5 Prof. Dr. ERICH STRACK / Die Dauerinfusion als Verfahren zur Erforschung des Kohlenhydratstoffwechsels des Tierkörpers
20 Seiten – 8° – 1952 – DM 2,–

Band 99

Heft 1 Prof. Dr. HEINRICH BRANDT / Über das quadratische Reziprozitätsgesetz
18 Seiten – 8° – 1951 – DM 1,70 *(vergriffen)*

Heft 2 Prof. Dr. GEORG SPACKELER / Der Gebirgsdruck und seine Beherrschung durch den Bergmann
36 Seiten – 12 Abbildungen – 8° – 1951 – DM 1,65 *(vergriffen)*

Heft 3 Prof. Dr. ERNST DIEPSCHLAG / Die Anwendbarkeit der Regelungstechnik in der Hüttenindustrie
38 Seiten – 12 Abbildungen – 8° – 1952 – DM 3,90

Heft 4 Prof. Dr. ALBERT FROMME / Die Bedeutung der Entwicklungsgeschichte, besonders des Mesenchyms für die Klinik
24 Seiten – 8° – 1952 – DM 1,75 *(vergriffen)*

Heft 5 Dr. ROBERT BÖKER / Die Entstehung der Sternsphäre Arats
68 Seiten – 4 Abbildungen – 2 Ausschlagtafeln – 3 Tabellen – 8° – 1952 – DM 5,60

Band 100

Heft 1 Prof. Dr. HEINRICH BRANDT / Über Stammfaktoren bei ternären quadratischen Formen
24 Seiten – 8° – 1952 – DM 2,25

Heft 2 Dr. PAUL GÜNTHER / Zur Gültigkeit des Huygensschen Prinzips bei partiellen Differentialgleichungen vom normalen hyperbolischen Typus
43 Seiten – 8° – 1952 – DM 5,–

Heft 3 Dr. ALFRED MÜLLER / Die Schaubarkeit in der Axonometrie
22 Seiten – 3 Ausschlagtafeln – 8° – 1952 – DM 3,–

Heft 4 Prof. Dr.-Ing. ENNO HEIDEBROEK / Die Beziehungen zwischen Härte, Schmierung und Verschleißfestigkeit
Nachdruck – 40 Seiten – 10 Abbildungen – 8° – 1954 – DM 3,40 *(vergriffen)*

Heft 5 Prof. Dr. ROBERT SCHRÖDER / Frauenheilkunde in Forschung und Praxis
22 Seiten – 8° – 1952 – DM 1,35

Heft 6 Dr. ROLF REISSIG / Die pandiagonalen Quadrate vierter Ordnung
54 Seiten – 8° – 1952 – DM 5,–

Heft 7 Prof. Dr. MAX ROBITZSCH † / Die Erforschung der Atmosphäre, ihre Methodik und ihre Probleme
30 Seiten – 12 Abbildungen – 4 Kunstdrucktafeln – 8° – 1953 – DM 2,50

Band 101

Heft 1 Prof. Dr. Kurt Schwabe / Periodische Erscheinungen bei der anodischen Auflösung des Zinks
33 Seiten – 14 Abbildungen – 8° – 1954 – DM 3,–

Heft 2 Dr. Udo Pirl / Positive Lösungen einer nichtlinearen Integralgleichung
44 Seiten – 2 Abbildungen – 8° – 1953 – DM 4,–

Heft 3 Dr. Joachim Focke / Asymptotische Entwicklungen mittels der Methode der stationären Phase
2. unveränderte Auflage – 48 Seiten – 8° – 1957 – DM 4,80 *(vergriffen)*

Heft 4 Prof. Dr. Hans Salié / Zur Verteilung natürlicher Zahlen auf elementfremde Klassen
26 Seiten – 8° – 1954 – DM 2,50

Heft 5 Prof. Dr.-Ing. Enno Heidebroek / Die Verantwortlichkeit des Ingenieurs
22 Seiten – 8° – 1954 – DM 1,–

Heft 6 Prof. Dr. Hans Schubert / Dr. Erich Schincke / Zur Ermittlung von Unterschallströmungen mit der Transformationsmethode bei quadratischer Approximation der Adiabate
32 Seiten – 6 Abbildungen – 2 Tabellen – 8° – 1955 – DM 2,30

Heft 7 Dr. Helmut Schaefer / Neue Existenzsätze in der Theorie nichtlinearer Integralgleichungen
40 Seiten – 8° – 1955 – DM 2,40

Band 102

Heft 1 Dr. Paul Günther / Über einige spezielle Probleme aus der Theorie der linearen partiellen Differentialgleichungen zweiter Ordnung
50 Seiten – 8° – 1957 – DM 4,60

Heft 2 Prof. Dr. Hans Schubert / Dr. Erich Schincke / Zum Konturproblem der Hodographenmethode im Unterschall
25 Seiten – 8° – 1957 – DM 2,20

Heft 3 Prof. Dr. Franz Runge / Über die Polymerisation ungesättigter organischer Verbindungen
13 Seiten – 1 Tabelle – 8° – 1957 – DM 1,–

Heft 4 Dr. Victor Valcovici / Une extension des liaisons non holonomes et des principes variationnels *In Vorbereitung*

Heft 5 Dr. Rolf Klötzler / Beiträge zur Theorie mehrdimensionaler Variationsprobleme mit geknickten Extremalen *In Vorbereitung*

Heft 6 Prof. Dr. Paula Hertwig / Strahlenschäden und Strahlenschutz im zellulären Bereich
43 Seiten – 14 Abbildungen – 4 Tafeln – 6 Tabellen – 8° – 1957 – DM 2,–

Bestellungen durch eine Buchhandlung erbeten

AKADEMIE-VERLAG · BERLIN

Kolibri 360 GmbH
Ferdinand-Jühlke-Straße 7
99095 Erfurt, Deutschland
produktsicherheit@kolibri360.de